# 中小户型背景墙设计

# 8000例

# 餐厅与卧室背景墙

理想·宅 编

U0347801

化学工业出版社

·北京·

## 装饰设计 1 ～ 58 页

以最新的设计方案为主要内容，涵盖8种时下最为流行的设计风格，简洁实用地介绍了餐厅、卧室背景墙的设计形式、要点以及材料应用，并对重点部位进行了主材标注，翻阅起来一目了然。

## 案例解析 59 ～ 106 页

以高品质的实际案例为主要内容，从餐厅、卧室背景墙的色彩、装饰、灯光设计入手，针对每一个精选出来的案例都进行了说明，对比前一部分的设计方案，更能体会到装修后的真实效果。

为本书提供图片的设计师有：艾木、安云鹏、火星石数字馆、刘耀成、毛毳、王冬冬、由伟壮、焦点中、兰庭东方墅、冯易进、孙永胜、孙淼、宋建文、巫小伟、张沁、朱国庆、蒋宏华、邦雷装饰、郭瑞、陈温斌、高人 Design、衡颂恒、李德、梁苏杭、刘传志、孟红光、尚邦设计、王五平、肖为民、杨克鹏、张淳、张浩、朱超、孙明星、张有东、祝滔、管伟、张禹、吴献文、李峰、萧峰、江惟、徐金玉、蒋健成 邓艳铭、陈教斌、许思远、项帅。

参与本书编写的人员有：孙盼、李小丽、王军、李子奇、邓毅丰、刘杰、李四磊、孙银青、黄肖、肖冠军、安平、王佳平、马禾午、谢永亮、梁越。

**图书在版编目(CIP)数据**

中小户型背景墙设计8000例．餐厅与卧室背景墙 ／理想·宅编．－－ 北京：化学工业出版社，2013.8
ISBN 978-7-122-17938-8

Ⅰ．①中… Ⅱ．①理… Ⅲ．①住宅餐厅－装饰墙－室内装饰设计－图集 ②卧室－装饰墙－室内装饰设计－图集
Ⅳ．①TU241-64

中国版本图书馆CIP数据核字(2013)第156491号

责任编辑：王斌　　　　　　　装帧设计：骁毅文化

出版发行：化学工业出版社(北京市东城区青年湖南街13号　邮政编码100011)
印　　装：北京瑞禾彩色印刷有限公司
710mm×1000mm　1/12　印张9　字数100千字　　2013年8月北京第1版第1次印刷

购书咨询：010-64518888 (传真：010-64519686)　　售后服务：010-64518899
网　　址：http://www.cip.com.cn
凡购买本书，如有缺损质量问题，本社销售中心负责调换。

定　　价：　39.00元（含1CD）　　　　　　　　　版权所有　违者必究

# 装饰设计

## 简约舒适的餐厅背景墙

设计餐厅墙面既要遵从美观的原则，也要符合实用的原则，不可盲目堆砌。例如，在墙壁上可挂一些画作、瓷盘、壁挂等装饰品，还可根据餐厅的具体情况灵活规划，但要注意的是切不可喧宾夺主、杂乱无章。

彩色乳胶漆＋彩绘

彩色乳胶漆＋密度板混油搁架

彩色乳胶漆＋装饰画

彩色乳胶漆＋装饰画

乳胶漆＋版画

乳胶漆＋装饰画

乳胶漆＋组合画

装饰版画

暗纹壁纸 + 抽象画

暗纹壁纸 + 密度板贴面搁架

暗纹壁纸 + 石膏板造型

花纹壁纸 + 密度板混油龛

花纹壁纸 + 木线框 + 镜面玻璃

花纹壁纸 + 石膏板刻花

花纹壁纸 + 石膏板造型

花纹壁纸 + 实木搁架

灰色壁纸 + 木线

竖纹壁纸 + 版画

竖纹壁纸 + 版画

竖纹壁纸 + 密度板搁架

纹理壁纸 + 镜面

细纹壁纸 + 落地镜

细纹壁纸 + 装饰画

细纹壁纸 + 装饰画

纺织壁布

墙面手绘

石膏板＋花纹壁纸＋烤漆玻璃

石膏板＋镜面玻璃

石膏板＋木工板喷漆

石膏板喷漆＋烤漆玻璃＋镜面

印花烤漆面板

砖砌垭口＋木质饰面板包边

密度板矮柜 + 人造石台面

密度板混油酒柜

密度板混油酒柜

密度板酒柜贴面 + 细纹壁纸

密度板贴面多宝格 + 镜面背板

密度板贴面酒柜 + 车边银镜 + 镜面

木质饰面板 + 密度板混油酒柜 + 镜面背板

嵌入式酒柜 + 装饰画

## 避免餐厅墙面的视觉疲劳

　　做餐厅背景墙的设计时，容易忽略了人会有视觉疲劳这一点。很可能当时设计的背景墙很新潮、很漂亮，但随着潮流、材料和审美观的变化，一段时间之后，多多少少会产生一些视觉疲劳。因此，在设计背景墙时，最好考虑做一个简洁耐看的墙面或能变化的背景墙。

密度板搁架 + 混油背板

密度板混油多宝格

密度板混油展架 + 磨砂玻璃

木板混油造型 + 镜面

木工板混油 + 壁纸

木工板混油 + 镜面

木工板贴面 + 密度板镂空混油

木工板混油贴画

密度板烤漆饰面

木工板混油 + 细纹壁纸 + 镜面

木工板造型喷漆

木线造型 + 细纹壁纸

木质镂空混油屏风

木质饰面板 + 镜面 + 版画

木质饰面板 + 树脂玻璃

木质饰面板 + 装饰画

烤漆玻璃 + 木线 + 花纹壁纸

密度板贴面 + 镜面条

嵌入式密度板酒柜贴面 + 镜面背板

石膏板 + 镜面

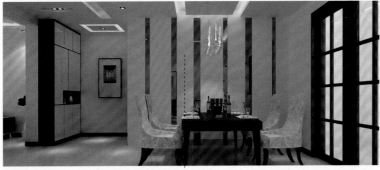

石膏板 + 镜面条

石膏板刻痕 + 镜面条

照片墙

组合画

车边银镜

车边银镜

车边银镜

镀金镜框 + 烤漆玻璃 + 装饰画

镜面 + 装饰画

镜面玻璃 + 贴纸

烤漆玻璃贴花

烤漆玻璃贴花

# 个性现代的餐厅背景墙

现代时尚风格的餐厅背景墙造型多以简洁为主，在色彩简洁的空间中造型多采用穿插、错落的手法以丰富空间，实现光、影以及造型与空间的统一。

彩色乳胶漆 + 马赛克

彩色乳胶漆 + 密度板搁架混油

高亮乳胶漆 + 版画

乳胶漆 + 摆画

乳胶漆 + 版画

乳胶漆 + 烤漆玻璃条

乳胶漆 + 装饰画

照片墙

马赛克 + 钢化玻璃

马赛克 + 装饰画

马赛克拼花 + 镜面

密度板搁架 + 烤漆背板

密度板搁架贴面

密度板酒柜 + 镜面板

密度板酒柜 + 木质饰面板

密度板酒柜 + 木质饰面板

## 木质材料在餐厅墙面的应用

　　木质饰面，在装修过程中应用的非常广泛。目前将它用餐厅背景墙的人也越来越多了。因为它花色品种繁多，价格经济实惠，不易与居室内其他木质材料发生冲突，可更好地搭配形成统一的装修风格，清洁起来也非常方便。

木工板 + 花纹壁纸 + 镜面龛

木工板混油

木工板混油 + 镜面 + 烤漆板

木工板混油 + 烤漆玻璃

木工板混油造型

木工板混油造型 + 高亮乳胶漆

木工板喷漆饰面

木质格栅混油

金属线 + 烤漆玻璃 + 壁纸

烤漆玻璃 + 木条混油

烤漆玻璃 + 贴花

木工板混油 + 镜面 + 壁纸

软包饰面

照片墙 + 密度板镂空混油

装饰版画

组合相框造型

车边银镜 + 壁挂式水箱

乳胶漆 + 照片墙

镜面 + 木工板混油

镜面 + 木工板镂空混油

镜面 + 装饰画

镜面龛盒

密度板多宝格 + 玻璃面板

磨砂玻璃推拉门

# 乡村田园的餐厅背景墙

　　在田园风格的餐厅中，其墙面饰品一般都有简洁的线条、自然的材质和清新的色调，这样能充分体现田园风格的温馨与质朴，同时，也会让家里充满欢乐的气氛。

彩色乳胶漆＋密度板混油搁板

彩色乳胶漆＋密度板龛盒

彩色乳胶漆＋装饰画＋木线

彩色乳胶漆＋组合画

肌理涂料＋装饰画

墙面手绘

墙面贴画

墙贴饰面

暗纹壁纸 + 实木混油搁板

暗纹壁纸 + 装饰画

彩绘墙面

大花壁纸

大花壁纸 + 密度板混油搁架

大花壁纸 + 装饰画

花纹壁纸 + 镜面条

花纹壁纸 + 装饰画

石膏板 + 竖纹壁纸

碎花壁纸 + 照片墙

竖纹壁纸 + 装饰画

碎花壁纸 + 密度板混油搁架

碎花壁纸 + 水彩画

碎花壁纸 + 铁艺搁板

碎花壁纸 + 相框

碎花壁纸 + 照片墙

混油实木门 + 木线网格

咖网大理石 + 纺织壁布

密度板搁架 + 装饰画

密度板混油餐柜

石膏板 + 大花壁纸

石膏板 + 木条 + 贴画

铁艺实木搁板

砖砌造型 + 彩绘

## 餐厅墙面材料的选择

　　餐厅的墙面材料以内墙乳胶漆较为普通，一般应选择偏暖的色调，如：米白色，象牙白等。为了整体风格的协调，餐厅需要一个较为风格化的墙面作为亮点，这面墙可以采用一些特殊的材质来处理，如肌理墙漆、真石漆、墙布、壁纸等材料具有很好的肌理效果。通过对材料的选择，可以烘托出不同格调的氛围，也有助于设计风格的表达。

密度板喷漆酒柜 + 饰面背板

密度板收纳柜 + 木质饰面板

木线混油造型 + 贴画

木质百叶窗造型

木质隔墙 + 肌理涂料

木质混油百叶窗 + 彩绘

木质混油窗格

实木混油酒柜

密度板搁架 + 饰品

木工板 + 彩绘

木工板 + 彩色乳胶漆 + 照片墙

木工板混油 + 装饰画

木工板混油造型 + 手绘画

木线 + 砖纹壁纸 + 烤漆玻璃

木线混油 + 大花壁布

木线框 + 密度板 + 碎花壁纸

# 尊贵复古的餐厅背景墙

　　随着人们对家居装修的高品质需求，餐厅的装修也正向着这个方向发展，餐厅已不仅仅只定位为用餐功能，更多的是代表一种生活质量与品位的象征，于是具有异国情调和怀旧情怀的尊贵复古餐厅逐渐受到人们的青睐。

壁炉 + 装饰画

镜面 + 纱帘

软包饰面

照片墙

照片墙

照片墙

竹饰 + 磨砂玻璃

组合相框

大花壁纸 + 石膏线 + 碎花壁纸

纺织壁布 + 实木雕刻画框

花纹壁纸 + 实木混油

花纹壁纸 + 装饰画

肌理壁纸 + 镜面框

墙画饰面

书画壁纸 + 木框装饰画

砖纹壁纸 + 水墨画

大幅装饰画

仿古砖 + 饰品

仿古砖 + 银镜

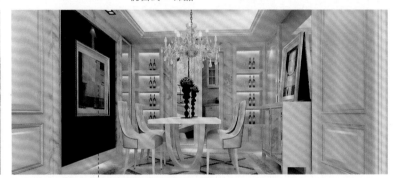

花白大理石 + 壁纸 + 抽象画

石膏板 + 木线 + 壁纸

石膏板造型 + 银镜

石膏线 + 镜面

石膏线 + 装饰画

# 新中式的餐厅墙面设计

　　新中式风格的背景墙，具体表现在餐厅中就是把中国文化的一些元素应用到餐厅墙面装修中，包括中式的镂空雕刻、国画等造型，按照中国人的习惯，用中国人的审美方式诠释出一种新的风格。

仿古砖 + 马赛克 + 平板玻璃 + 木线窗花

肌理涂料 + 装饰画

青石饰面

石膏板 + 壁纸

石膏板 + 彩绘

石膏板 + 仿古砖

文化石 + 花白大理石

文化石 + 镜面

密度板混油酒柜 + 镜面背板

密度板酒柜 + 木质饰面板

密度板酒柜 + 木质饰面板 + 镜面

木质矮柜 + 脸谱装饰

木质混油酒柜 + 装饰画

木质酒柜 + 车边银镜

木质酒柜贴面 + 车边银镜

嵌入式密度板酒柜 + 镜面背板

成品实木酒柜

多宝格 + 木质饰面板

烤漆面板 + 镜面 + 壁纸

密度板混油 + 装饰画

密度板贴面 + 镜面

木工板混油 + 彩绘

木工板混油 + 纺织壁布 + 镜面造型

木工板混油 + 肌理涂料

木工板混油 + 木线窗格

木工板混油造型

木工板喷漆 + 装饰画

木工板网格贴面

木框 + 镜面 + 贴花

木线窗花 + 装饰画

木线框 + 花纹壁纸

木线框装饰

## 餐厅墙面复古新演绎

　　复古是当今时尚界最流行的关键词，在家居装修方面，则表现为对古典中式与古典欧式的创新改进。在餐厅背景墙上加上玻璃元素，可以让古典的餐厅空间焕发出新的生命，让空间既有古典的韵味又能拥有创新的精神。

玻璃马赛克 + 车边银镜

车边银镜

车边银镜 + 壁纸

钢化玻璃隔断

镜面 + 木工板混油造型

镜面玻璃 + 贴花

烤漆玻璃 + 软包

磨砂玻璃饰面

木质窗格 + 镜面

木质混油窗格 + 平板玻璃

木质饰面板

木质饰面板 + 浮雕装饰

木质饰面板 + 镜面

木质饰面板 + 贴画

木质饰面板 + 艺术墙画

实木案几 + 装饰画

实木板饰面

实木板饰面 + 木线窗格

实木包窗

实木边几 + 装饰画

实木雕花 + 镜面

实木雕刻装饰

实木框 + 石膏板 + 彩绘

实木门框 + 挂画

# 简约舒适的卧室背景墙

　　简约的卧室应以宁静、和谐为主旋律，伴以素妆淡抹，这对于发挥卧室的功能性会带来理想的效果。对于中小户型的卧室来说，涂料、壁纸等材料应选择小花、偏暖色调、浅淡的图案较为适宜。

暗纹壁纸 + 镜面条

暗纹壁纸 + 磨砂玻璃

暗纹壁纸 + 木质格栅贴面

彩色乳胶漆 + 烤漆玻璃贴花

彩色乳胶漆 + 木工板混油

彩色乳胶漆 + 装饰画

墙画饰面

乳胶漆 + 彩绘

布艺软包 + 抽象画

布艺软包 + 金属相框

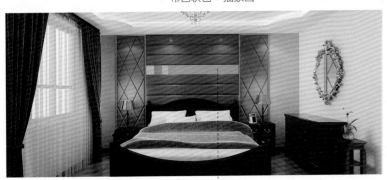

布艺软包 + 镜面条

布艺软包 + 相框

布艺软包 + 装饰画

布艺软包饰面

大花壁纸

花纹壁纸

花纹壁纸

花纹壁纸

花纹壁纸＋版画

花纹壁纸＋烤漆玻璃

花纹壁纸＋装饰画

竖纹壁纸

竖纹壁纸＋组合版画

竖纹壁纸＋组合画

石膏板造型 + 花纹壁纸

碎花壁纸 + 装饰画

细纹壁纸 + 木工板混油 + 镜面

细纹壁纸 + 木质画框

细纹壁纸 + 装饰画

细纹壁纸 + 装饰画

细纹壁纸 + 组合画

细纹壁纸 + 组合画

## 卧室墙面材料的选择

卧室的背景墙设计有很多种形式，有的人喜欢贴壁纸；有的人选择软包；不论怎样，都要在背景墙添加些东西。在选择卧室墙面装饰材料的时候，应充分考虑到空间的大小、采光、家居的样式与色调等，使所选择的墙面材料在花色、图案上与室内的环境和格调相协调。

大理石边框 + 软包

密度板混油书架

木板混油 + 印花镜面

木工板 + 肌理涂料

木工板 + 竖纹壁纸

木工板混油 + 镜面

石膏板 + 彩色乳胶漆

石膏板 + 木工板贴面

木工板混油 + 平板玻璃　　　　木工板混油 + 装饰画

木工板混油框 + 布艺软包　　　　木工板混油造型 + 花纹壁纸

木工板混油造型 + 装饰画　　　　木工板贴面 + 印花烤漆玻璃

木工板造型 + 细纹壁纸　　　　木框 + 布艺软包

木框贴面 + 烤漆玻璃 + 细纹壁纸

木线贴面 + 花纹壁纸

木线贴面 + 皮革软包

木质饰面板 + 布艺软包

木质饰面板 + 布艺软包

木质饰面板 + 布艺软包

木质饰面板 + 贴饰

木质饰面板 + 装饰画

# 个性现代的卧室背景墙

现在许多人开始追求卧室墙面的个性表现，其主要手法就是将客厅的装修设计移植到卧室中来，通过背景墙的营造，使原本平静的卧室，也展现出别具一格的魅力。另外卧室背景墙在造型上自由度远远大于地面，可以任其发挥而不受过多的限制。

彩色乳胶漆＋抽象画

彩色乳胶漆＋搁板

彩色乳胶漆＋密度板混油造型

彩色乳胶漆＋密度板龛盒

彩色乳胶漆＋墙贴

彩色乳胶漆＋墙贴

彩色乳胶漆＋墙贴＋密度板混油搁架

彩色乳胶漆＋装饰画

暗纹壁纸 + 木工板混油

壁纸 + 拼画

壁纸饰面

彩色乳胶漆 + 组合版画

肌理涂料 + 密度板混油

肌理涂料 + 照片墙

乳胶漆 + 组合画

砖纹壁纸饰面

装饰设计

39

布艺软包

布艺软包

布艺软包

布艺软包＋大花壁布

布艺软包＋镜面

布艺软包＋镜面条

布艺软包＋镜饰

布艺软包＋木质饰面板

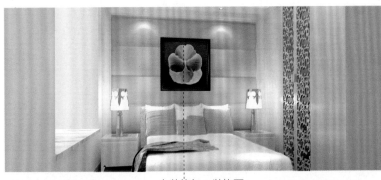

布艺软包 + 装饰画

多色竖纹壁纸

纺织壁布 + 树脂玻璃

花纹壁纸 + 艺术相框

灰色壁纸 + 木质饰面板

肌理壁纸 + 镜面框

墙画饰面

墙画饰面

## 壁纸在卧室墙面的应用

　　花鸟、线条、抽象、纯色等壁纸，在卧室空间中，烘托出妩媚而浪漫的情怀。配上床品、窗帘等软装，再随意点缀一些靠垫、花卉绿植及装饰画等小饰品，令人躺在卧室里，便可以甜蜜地进入梦乡了。

墙画饰面

软包背景

软包饰面

软包饰面

软包饰面

竖纹壁纸＋密度板混油搁架

竖纹壁纸＋密度板混油龛盒

竖纹壁纸＋密度板整体柜

竖纹壁纸 + 照片墙

竖纹壁纸 + 装饰画

竖纹壁纸 + 装饰画

竖纹壁纸 + 装饰画

竖纹壁纸 + 装饰画

竖纹壁纸 + 装饰画框

碎花壁纸 + 装饰画

条纹壁纸

石膏板 + 壁纸

石膏板 + 装饰画

石膏板造型 + 烤漆玻璃

条纹壁纸 + 木质画框

条纹壁纸 + 饰板

文化石 + 皮质软包

细纹壁纸 + 装饰画

质感壁纸 + 花白大理石

## 多种材料要协调

卧室的背景墙一般很少会用到单一的材料来装饰，但是，并不是材料越多越好。太多的材料拼在一起，容易造成空间的凌乱、繁琐，给人压抑、炫目的感觉，同时还不利于环保。背景墙材料的选择主要从两方面出发：一是材料要能体现风格；二是材料的选择要从居住者的喜好、品位与经济状况等方面考虑。

密度板混油 + 肌理壁纸

密度板混油造型

密度板贴面盒

木板喷漆 + 烤漆玻璃

木工板 + 壁纸 + 照片

木工板 + 细纹壁纸 + 镜面

木工板混油 + 壁纸

木工板混油 + 布艺软包

木工板混油 + 彩色乳胶漆

木工板混油 + 镜面玻璃条

木工板混油 + 烤漆玻璃

木工板混油 + 烤漆玻璃条

木工板混油 + 皮质软包

木工板混油 + 照片

木工板混油 + 装饰画

木工板混油造型 + 线帘

木工板喷漆 + 照片墙

木线 + 木工板 + 细纹壁纸 + 镜面画

木线框 + 布艺软包

木线框 + 纺织壁布

木质饰面板 + 竖纹壁纸

木质饰面板 + 装饰画

实木板 + 烤漆面板

印花烤漆面板 + 壁纸

## 乡村田园的卧室背景墙

现代都市繁忙紧张的节奏总是让人喘不过气来，倘若家中的卧室有着清新舒适的田园风格，那么，必然会让人有一份清爽自在的好心情。

运用天然的材料，为卧室打造出自然恬淡的床头背景墙面，让人在睡梦中也能心灵舒畅。

暗纹壁纸 + 组画

壁纸 + 装饰画

彩色乳胶漆 + 腰线

大花壁纸 + 布艺帷幔

彩色乳胶漆 + 墙贴

大花壁纸 + 纱帘

大花壁纸 + 装饰画

竖纹壁纸 + 油画 + 镜饰

镜面玻璃 + 照片墙

彩色乳胶漆 + 木工板混油

乳胶漆 + 镜面框

彩色乳胶漆 + 装饰画

金属饰边 + 皮质软包

烤漆玻璃 + 木工板喷漆

烤漆玻璃 + 装饰画

细纹壁纸

大花壁纸 + 装饰画

大花壁纸 + 装饰画

花纹壁纸 + 装饰画

花纹壁纸 + 装饰画

花纹壁纸 + 装饰画

竖纹壁纸 + 烤漆玻璃

碎花壁纸 + 水彩画

碎花壁纸 + 照片墙

# 田园卧室墙面的设计手法

  田园卧室里的花朵图案过多，会让人觉得过于甜腻，所以在墙面、家具、小饰品上一定要有所取舍。在墙面上如果选择了小碎花的图案，那么家具就选择纯白色或者木色；如果家具上有较多的花卉图案，那么墙面就选择单色，甚至深一点的颜色，让整个空间更沉稳。

木工板造型 + 细纹壁纸 + 铁艺

木线混油 + 大花壁布

石膏板 + 肌理壁纸

石膏板喷漆 + 暗纹壁纸

石膏板造型 + 布艺装饰画

石膏板造型 + 大花壁布

碎花壁纸 + 装饰画

细纹壁纸 + 金属画框

密度板混油窗 + 布艺帘

木工板混油 + 彩绘

木工板混油 + 花纹壁纸

木工板混油 + 碎花壁纸

木工板混油框 + 布艺软包

木工板混油造型

木工板混油造型 + 大花壁纸

木工板造型 + 大花壁布

# 尊贵复古的卧室背景墙

　　新古典卧室背景墙的打造要注意色彩，颜色的运用讲究一致，应以统一、和谐、淡雅为宜，比如床单、窗帘、枕套尽量使用同一色系，尽量不要用对比色，因为太强烈鲜明的空间气氛会影响人们的睡眠质量。

彩色乳胶漆 + 金属相框

彩色乳胶漆 + 实木雕刻饰板

高亮乳胶漆 + 组合镜框

肌理壁纸 + 装饰画

麻织壁纸 + 木线混油 + 石膏板

乳胶漆 + 金属镜饰

乳胶漆 + 木线网格

乳胶漆 + 装饰画

布艺软包

布艺软包 + 花白大理石框 + 车边银镜

布艺软包 + 镜面贴花

布艺软包 + 木工板混油造型

布艺软包 + 木线网格

布艺软包 + 实木窗花 + 木线格栅

布艺软包饰面

布艺软包饰面

暗纹壁纸

大花壁纸

纺织壁布 + 实木床靠

花纹壁纸 + 金属镜

花纹壁纸 + 金属镜饰

花纹壁纸 + 油画

花纹壁纸 + 装饰画

彩色乳胶漆 + 墙贴

大理石线 + 花纹壁纸 + 装饰画

密度板贴面 + 石膏板 + 壁纸

石膏板 + 肌理涂料 + 木工板混油造型

石膏板 + 墙画饰面

石膏线 + 花白大理石框 + 布艺软包

实木造型 + 文化石

细纹壁纸 + 艺术相框

质感花纹壁纸

## 欧式风情的卧室背景墙

　　每个人都会对卧室有一份特殊的感情，当然，能迎合自己的喜好和生活方式的卧室才能在你疲劳后带给你轻松的感觉。喜欢欧式风情的人们对于卧室的设计，更偏向于材料与家具的选择。背景墙装饰不用很多，单以材料的质感就能体现出欧式风格的尊贵气质。

木板贴面 + 花纹壁纸

木工板 + 肌理涂料

木工板 + 肌理涂料 + 装饰画

木工板混油 + 肌理涂料

木工板混油造型

木工板混油造型 + 质感壁纸 + 车边银镜

木工板混油造型 + 装饰画

木工板造型 + 木质饰面板 + 花纹壁纸

灰镜 + 石膏线装饰

镜面贴花 + 布艺软包 + 花白大理石框

木质饰面板 + 木线窗花

木质饰面板 + 贴画

木质饰面板 + 纹理壁纸 + 装饰画

实木板 + 花纹壁纸

实木雕花 + 布艺软包

实木造型 + 皮革软包 + 镜面

# 案例解析

## 餐厅色彩

　　一般餐厅的色彩搭配都是与客厅保持一致的，这主要是从空间感的角度来考量的。对于餐厅来说，宜采用暖色系，因为在色彩心理学上，暖色有利于促进食欲，这也就是为什么很多餐厅采用黄、橙色系的原因。

白色的餐厅背景墙能够提亮空间，令餐厅明亮透彻。

灰白色的背景墙与空间氛围相契合，为餐厅营造出一种优雅的气息。

黑色背景墙令这个木质的餐厅多了些时尚感。

白色的背景墙与餐椅色调一致，再搭配精致的镜面装饰，为餐厅空间打造出个性与时尚。

黑白马赛克的餐厅背景墙，与餐桌椅相互搭配，形成了完美的个性用餐空间。

石材的背景墙与棕色的餐桌椅相搭配，将餐厅空间打造的分外自然、温馨。

温馨的用餐空间，背景墙上简单的镂空造型，为这个空间带来了活力。

一边的餐椅的墙面可以作为背景墙，纯白的色调为空间带来了清新的氛围。

白色的木质推拉门既起到了分割空间的作用，又充当了餐厅的背景墙，令空间清爽整洁。

白色的大理石与收纳柜相呼应，粗犷与质朴相融合，简洁的墙面让空间感更加突出。

白色的半通透的隔墙，在充当餐厅背景墙之余，也有效地起到了分割空间的作用。

玻璃与白色木质装饰材料相搭配，与餐厅整体风格相呼应，形成了一个整体的用餐氛围。

银白色的壁纸全铺在餐厅的墙面上，简单的花纹也能让人拥有美好的用餐心情。

餐厅的白色背景墙凹凸有致，以简约的造型成为用餐空间的主角。

单调的白墙上装饰了印花玻璃，让这个餐厅空间不再平淡。

白色的屏风作为背景墙的装饰，为餐厅带来了浓郁的中式风情。

餐厅的白色墙面为弧形，令空间有一种围合感，给人以安全感。

黑色烤漆玻璃与抽象画相搭配，将餐厅烘托得格外有情调。

纯黑色的墙面与餐桌椅相互搭配，为餐厅营造出一种酷感十足的用餐氛围。

黑底金色花纹的餐厅背景墙，为空间带来了尊贵与时尚感。

与餐桌椅相同黑色调的木板墙面，令白色墙面有了更多层次感。

黑色的烤漆玻璃墙面装饰，既符合了餐厅的风格特点，又从视觉上扩展了空间感。

简单的黑色墙面上，装饰了白色的创意时钟，丰富了空旷的背景墙，令用餐氛围更加和谐。

浅棕色的木质餐厅墙面与吊顶相连接，为餐厅创造出和谐统一的空间感。

米色的木材格栅与这个空间色调统一，为良好的用餐环境起到了促进作用。

米色的半墙搭配白色格栅，为餐厅规划出一个相对独立的用餐空间。

背景墙与吊顶都采用了统一的米色，从视觉上为餐厅空间划分出了空间感。

餐厅与厨房共用一个空间，因此利用大理石与白色饰面板相结合的厨房墙面充当了餐厅背景墙，凸显了小空间的特性。

米色的暗纹壁纸装饰在这个棕色调的餐厅中，凸显出背景墙的清爽。

镜面、装饰画及米色墙面的相互搭配，将这个优雅风的餐厅衬托得更加有格调。

虽然这面米色木质墙面什么装饰都没有，但却迎合了餐厅的简约舒适的风格特点。

黄白相间的壁纸装饰了整个餐厅，在背景墙上装饰的画作很好地起到了增添空间层次感的作用。

碎花壁纸墙面衬托着粉色的背景墙更加清丽脱俗，与餐桌椅相搭配的边柜更加强调了空间氛围。

本案中餐厅背景墙的黑白色壁纸非常时尚个性，能够完美地烘托出这个现代风餐厅。

以一整面墙的收纳柜作为餐厅背景墙，其米色调为这个冷色调的空间增添了温馨感。

背景墙中心的黄色碎花壁纸与画作装饰，迎合了整体空间风格特点。

餐厅墙面手绘的绿色植物，为这个平淡的背景墙带来了生机与活力。

餐厅背景墙的以米色砖造型来展示，体现了空间所要追求的自然田园风情。

淡绿色的背景墙与餐桌椅相搭配，为用餐空间带来清爽感。

碎花壁纸搭配白色饰面板起到了突出背景墙的作用，同时也符合餐厅的风格特点。

红色壁纸背景墙与吊顶的色彩相符合，为餐厅营造出了整体的空间氛围。

淡绿色的碎花壁纸墙面为这个质朴的餐厅增添了一抹甜美的气息。

朴素的棕色木质墙面延伸到吊顶部分，从视觉上划分出了餐厅空间。

简单雅致的米色壁纸，搭配四幅装饰画，就能轻松展现出餐厅背景墙的风采。

黑白色调的壁纸墙面上装饰了色彩艳丽的装饰画，简单的设计手法就营造出了餐厅背景墙。

这个餐厅十分休闲，绿色墙面与绿植相交呼应，为空间营造出了良好的用餐氛围。

绿色壁纸墙面上加入了米白色的装饰组柜，丰富了餐厅背景墙的功能性与装饰性。

绿色的石墙与木质相结合的背景墙，让人在用餐的时候也能享受到自然风情。

餐厅背景墙运用了白底碎花壁纸来装饰，为这个简洁素雅的空间带来了甜美与清爽。

这个餐厅的背景墙装饰了欧式风情的壁炉造型，搭配绿色的壁纸，让用餐空间更加优雅。

将背景墙营造出一种庭院的氛围，绿色的壁纸、粗犷的石砖以及橘黄的墙面，都使用餐者有个好心情。

黄色的壁纸上装饰了白色的木质饰面，让这个背景墙单调的墙面焕发出清新与活力。

黑色墙面上醒目的花卉图案，与镜面墙相搭配，形成了餐厅空间的独特氛围。

明黄色的墙面与餐厅边柜相搭配，既满足了空间的功能需求又提升了装饰性。

粉色的墙面增添了餐厅空间的甜美氛围，让用餐者心情舒畅。

红色的墙面搭配了个性装饰与搁架，令单调的背景墙多彩起来。

橘色与白色的墙面让这个质朴的餐厅有了层次感，将空间渲染得格外时尚。

荧光黄的墙面上装饰了白色装饰，与黑色餐椅形成了对比，让这个餐厅时尚活力。

黄色背景墙上装饰了几幅装饰画，填补了墙面的单调感，令墙面与餐桌椅更加和谐。

明黄色的背景墙上装饰了大大小小的照片，为餐厅打造出了具有强烈个人风格的照片墙。

粉红色的壁纸背景墙面，搭配与餐桌椅同系列的收纳柜，与餐厅空间形成了和谐的整体感。

紫色的墙面令用餐空间变得妩媚迷人，背景墙上搭配的白色装饰与餐椅形成了统一感。

湖蓝色的餐厅背景墙很有种复古的情怀，搭配古朴的边柜更能渲染空间氛围。

粉色的背景墙点缀了这个吧台，将用餐空间营造的分外娇媚。

碎花壁纸搭配了简洁红色造型墙，与尊贵的餐桌椅形成对比，让空间糅合了现代与古典的特点。

红色与蓝色相间的餐厅背景墙为这个田园风情的空间增添了不少活力。

玻璃墙面上装饰了红色，在起到扩展空间的同时又能充分显示出餐厅的时尚感。

餐厅的红色墙面上设置了电视，完成了用餐空间的视听需求。

蓝色的装饰柜与餐桌椅色调相统一，在白色墙面的映衬下，令空间越发清爽。

蓝色的条纹壁纸与餐椅的座套相对应，形成空间统一感。背景墙的装饰壁炉则让空间多了一分古典。

蓝色的背景墙搭配木质边柜，为用餐空间烘托出了一种沉静的氛围。

在这个田园风情的餐厅中，蓝绿色的照片墙为空间增添了生活气息。

蓝色系的碎花拼接墙面为这个田园风的餐厅带来更加甜美的气息。

多彩的中国画装饰在餐厅背景墙上，令用餐氛围充满了中式情怀。

金色的暗纹镜面，为这个用餐空间增添了一丝神秘气息。

蓝白相间的餐厅收纳柜，整面墙的设计，不仅扩大了空间的收纳能力，又能让用餐者感到清爽宜人。

深灰色的餐厅背景墙与餐桌椅的风格相统一，使空间成为一个整体。

深棕色的墙面装饰，既从色调上符合了餐厅稳重的空间感，又展现了其独特的韵味。

深棕色的木质墙面搭配了简洁的装饰画，与餐厅优雅的空间氛围相符合。

这个餐厅与厨房相连，因此棕色的餐厅背景墙也起到了分割空间的作用。

棕色马赛克的墙面，为这个餐厅空间营造出了既稳重又柔美的氛围。

餐厅走的是简约风，因此，背景墙也应尽量以简洁为主。棕色的墙面就极其符合这个空间特点。

金色的背景墙与绿色餐椅形成了视觉对比，为这个现代餐厅添加了时尚与个性。

朴素的木制背景墙令红色的奢华餐椅也散发出质朴的意味。

这个餐厅的空间较小，但却拥有不少功能。棕色的木质收纳柜与大理石墙面的合理搭配，令空间整洁不少。

金色的软包墙面装饰如今也走进了餐厅空间中，为这个空间带来奢华感。

由于餐厅并没有独立的空间，因此借由整体居室的棕色木质墙面来充当背景墙也是合情合理的。

大幅的手绘画装饰着餐厅背景墙，搭配另类的餐桌椅，将用餐空间打造的犹如仙境一般。

简简单单的一面棕色背景墙，在装饰画的点缀下，也为餐厅营造出别样的魅力。

金棕色的背景墙强调了餐厅的奢华感，搭配镂空的白色装饰墙，为空间带来一抹清爽。

灰色的壁纸与白色墙面造型相搭配，将这个尊贵优雅的餐厅空间营造的格外有魅力。

# 餐厅装饰

　　烘托餐厅氛围的一个有效手段就是在墙面或橱柜上挂装饰画。田园题材的油画使餐厅显得生活气息十足；当然，现代风格会选择抽象画来做装饰；那些较传统的中式餐厅则可以选择风格清新的写意画。

餐厅的背景墙装饰了仿蜂巢的墙面设计，木质特有的质感为用餐空间带来一份质朴。

砖墙与玻璃相搭配的背景墙既粗犷又个性，点缀的花卉很好地中和了强烈的墙面设计感。

装饰画的风格与餐厅空间相符，令用餐者更加愉悦。

本案餐厅以橱柜作为背景墙，展现了小空间的独特设计。

砖墙与搁架的搭配，令这个吧台充满了怀旧感。

镜面不仅作为餐厅背景墙装饰，而且起到了扩大空间感的作用。

这个小空间的纯白餐厅，背景墙面的凹槽处理，点缀的饰品让空间更具生活感。

洁白的墙面上装饰几幅优雅的装饰画，完美地烘托了餐厅气质。

镜面装饰了这个餐厅的背景墙面，突出了空间的个性与时尚。

餐厅背景墙所装饰的幔帐与餐桌椅的布艺饰品相统一，令空间倍显和谐。

餐厅墙面装饰了窗户的造型，不仅令整体空间更加通透，也起到了美化背景墙的作用。

背景墙的镜面装饰与用餐空间的整体风格相统一，强调了空间感。

背景墙上装饰了奢华的镜面与花纹，令餐厅更加华丽。

镜面对于小空间的餐厅来说，不仅能够起到装饰单调的背景墙的作用，而且还能扩大空间感。

整面背景墙都运用了镜面装饰，搭配的绿色马赛克边框，与餐桌布相呼应。

线条硬朗的装饰画，既符合用餐空间的氛围，又美化了餐厅背景墙。

这个餐厅的背景墙是简易的木质收纳架，既有分隔空间的作用，又能收纳主人的各种藏酒。

这个乡村风情的餐厅，并不需要对背景墙过多的装饰，简单的两个搁架，几盆绿植就能诠释出空间的魅力。

背景墙搁架与装饰物为空间增添了中式风情。

墙面收纳柜为餐厅节省了不少空间。

墙面的餐盘装饰为空间带来田园的休闲感。

装饰餐盘营造了用餐空间的清爽氛围。

花卉装点背景墙是比较常用的手段，能为餐厅带来自然气息。

条纹墙面装饰更增添了餐厅的时尚感。

背景墙的掏空设计令餐厅更多了展示与收纳的功能。

木质柜既丰富了空旷的墙面，又迎合了餐厅的质朴氛围。

餐厅的复古边柜提升了餐厅的空间感。

墙面上时尚独特的时钟，为洁白的背景墙增添了一抹靓丽。

装饰帘与镜面的搭配，极大地增强了餐厅背景墙的装饰性。

背景墙的搁架上摆满了主人的藏酒，凸显了主人的兴趣喜好。

酒柜可以说是餐厅中非常具有特点的家具，将收纳与装饰糅合到了一起。

颇具民族风的餐厅墙面上装饰了餐盘，便丰富了空间层次。

简单的搁架上摆放了一些饰品，令简约的餐厅更加舒适自然。

镜面墙不仅能扩大空间，也可使餐厅风格更加清爽。

餐厅背景墙又兼具了视听功能，可谓装饰、功能两不误。

弧形的墙面非常独特，掏空的设计更是便于收纳。

墙面搁架上摆放了众多装饰品及收藏品，充分体现了主人的品位。

《最后的晚餐》的装饰画在这个餐厅墙面上，体现了主人的兴趣喜好。

餐厅墙面的装饰画融合进了空间风格，使用餐氛围更加和谐。

素雅的背景墙虽然简单，却能烘托出餐厅的简约风格。

质感的背景墙为这个餐厅空间增添了不少中式情怀。

镜面的装饰为这个现代欧式风格的餐厅带来了无机质的美感。

餐厅墙面的搁架，放置了各种餐具，既能起到了收纳功能，又有展示的效果。

造型奇特的镜面装饰与绿植相搭配，为餐厅打造出别样的精彩。

简简单单的一株绿植，就能将单调的背景墙烘托得分外生动。

餐厅的视听功能极大地满足了主人边看边吃的习惯。

边框镜面有效地分割出了用餐空间，并为空间增添了时尚感。

背景墙上的凹槽，丰富了纯白墙面，与餐桌上的装饰相呼应。

本案中隔断帘起到了餐厅背景墙的作用，又有效分割了餐厅与客厅空间。

壁纸加收纳架令餐厅的背景墙充满了装饰性及实用性。

水墨风的装饰画为现代风格的餐厅带来一抹古典韵味。

背景墙的各种凹槽设计，令墙面更加丰富，并且方便主人摆放装饰品。

装饰镜面的设计，让枯燥的背景墙焕发出时尚感。

灯光主要照射在背景墙的装饰品上，提高了展示的美观性。

餐厅的灯光不能太过冷色调，要尽量选择与菜品色调相近的。

大面积的老照片墙，为人们渲染出历史的岁月。

色彩亮丽的照片墙，与敝旧的餐桌椅相搭配，为空间营造出一种怀旧氛围。

摆放整齐的三幅装饰画，与餐厅的简约风很搭配。

黑色装饰画点缀的白色背景墙，强烈的视觉冲击为餐厅空间加分。

黑框的装饰照片在白色墙面的映衬下，越发凸显空间的现代气质。

自然悠闲的餐厅空间，背景墙上的照片摆放也可不按照特定的顺序。

与家具色调一致的装饰画，十分衬托背景墙的色调。

这款黑色边框的装饰品，丰富了餐厅空间的表情。

餐厅的背景墙装饰了镜面与异形灯饰，让这个简约的空间变得越发与众不同。

简约的装饰画令餐厅空间多了优雅的情调。

餐厅氛围冷酷时尚，墙面装饰则令空间多了些质感与温度。

古朴的餐厅墙面点缀了两幅简约装饰画，将现代与古典融合在了一起。

白色墙面上的装饰画点缀，使得空间不会太过单调。

背景墙上的装饰画很好地平衡了餐厅的空间感。

简单的装饰画、简单的背景墙，打造出不简单的餐厅氛围。

趣味装饰画几乎占据了整面背景墙，突出了墙面在餐厅的中心位置。

抽象的画作，其暖色调令空间温馨不少。

背景墙选择与之色调相符的装饰画，中规中矩的造型与用餐空间不谋而合。

抽象风的装饰画为这个略显中式的餐厅增添了些现代感。

色彩明艳的装饰画为朴素的餐厅空间带来热情与活力。

整面背景墙由装饰画所占据，凸显了背景墙的重要性。

# 餐厅灯光

　　餐厅墙面大多采用辅助灯光，如在餐厅家具内设置照明，艺术品、装饰品的局部照明，或采用壁灯对墙面材质和色彩进行单独描绘等。实用辅助灯光主要不是为了照明，而是为了用光影效果烘托环境，在突出主要光源的前提下，光影的安排要做到有次序、不紊乱。

风格独特的装饰画在射灯的照射下，越发凸显出一种别样的美感。

暖色调的灯光与壁纸相搭配，令餐厅空间更加温馨和谐。

一盏射灯就能将背景墙的质感与色调表达得淋漓尽致。

墙面摆放的一排水墨画装饰画为空间提供了中式风格的意韵。

三盏射灯设置的很好，丝毫没有出现交叉阴影，让人用餐愉快。

装饰画与镜面相呼应，为餐厅空间形成一个完整的氛围。

灯光的照射将绿色背景墙衬托的更加青春活力。

背景墙的设计非常独特，在灯带的暖光照射下更加充满活力。

冷色调的灯光将素白的墙面烘托得越发整洁。

餐厅的墙面装饰很多，因此选择了射灯与灯带相结合的手法来进行灯光设计。

由墙面延伸出来的壁灯，可调节的自由光源，让用餐更加舒心。

灯带与射灯的结合运用，让背景墙凸显出了更多的氛围感。

墙面设计的壁灯作为烘托背景墙面凹槽中的收藏品，更显空间气氛。

由灯光烘托着的墙面收纳架，散发出典雅的魅力。

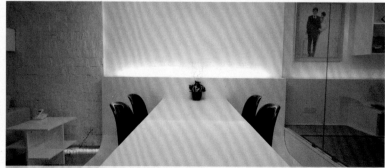

冷色调的灯带反射，让现代个性的餐厅有了更加独特的空间感。

## 卧室色彩

卧室的色调要以宁静、和谐为主旋律，伴以素装淡抹，这对于发挥卧室的功能会带来理想的效果。由于卧室的功能特殊性，空间的色彩不应有过于强烈的对比反差，或者过于艳丽的色调，以免影响人们的休息。

卧室的白色墙面虽然素雅，但却是最能反映空间氛围的色彩。

简单的白色能更好地烘托精致的床品。

淡紫色墙面令卧室多了些妩媚与柔美。

白色暗纹壁纸与床品相呼应，令床具更显尊贵。

造型现代的白色背景墙让卧室也多了个性与时尚感。

粉色的墙面烘托出了卧室的甜美风情，让人沉溺。

黑色的背景墙，非常有质感，给卧室带来舒适的感官享受。

灰色壁纸墙面虽不突出，但却很好地与卧室风格相融合。

84

白色背景墙中装饰了镜面，就会有现代时尚的氛围。

白色镂空的床头装饰，让背景墙更加清透自然。

浅色的背景墙与黑色的床具相搭配，营造出极强烈的视觉冲击。

粉白色的条纹壁纸与卧室的整体色调相一致，营造出和谐的空间感。

白色的砖墙造型，令本案的床头背景墙与众不同起来。

蓝色的幔帐与窗帘属于同色调、质地，令背景墙更加充满清新自然的空间感。

两种不同风格的白色壁纸相互搭配，令儿童房墙面充满了乐趣。

白色的床头造型设计，充分体现了卧室的奢华感。

浅色的碎花壁纸给卧室营造出一种安逸、祥和的空间感。

单纯的白色墙面并不出彩，但是床具的造型设计弥补了背景墙。

白色与翠绿色相搭配，不仅符合整体空间感又为卧室带来青春与活力。

白色暗纹壁纸让这个卧室沉浸在更加宁静的气氛中。

背景墙选择了米色等中色系衬托床品，装饰画的色调则呼应了床品的艳丽。

白色的背景墙与黑色装饰画搭配，令卧室的空间感更加完整。

背景墙的装饰品很显眼，于是选择了白色等浅色系的墙面来衬托。

白色的背景墙造型搭配印花的镜面，让卧室空间感更加浓烈。

纯白的卧室中暗纹的黑色壁纸墙面，显现出背景墙的突出位置。

黑白相交的卧室墙面，在营造温馨氛围的同时也令空间充满个性。

多彩的条纹符合卧室氛围，令空间更加活泼。

黑白条纹的壁纸墙面令卧室凸显简洁大方。

抽象图案的壁纸，中性的色彩提亮了整个卧室。

灰色壁纸与床品相搭配，为卧室营造出和谐统一的氛围。

黑色墙面、灰色窗帘以及白色床具，将卧室打造的极具个性。

黑色格子的背景墙与窗帘相协调，营造出了完整的空间氛围。

靓丽个性的黑色背景墙为卧室带来时尚的元素。

米色碎花壁纸与空间氛围相融合，非常适合温馨的卧室。

黑白相间的背景墙给卧室空间带来了清爽的气氛。

田园风的床具将白色背景墙衬托的更加一尘不染。

黑色墙面能够给卧室一种静谧的氛围。

棕色的木质墙面与地板相呼应，为卧室增添了质朴的气质。

背景墙的色调能够影响卧室的空间感，黑色会给人一种压迫感。

深色的背景墙与卧室的床具、床品相搭配，营造出整体空间感。

抽象的黑色卧室背景墙，为空间带来一丝梦幻。

纯黑色的背景墙虽然略显沉闷，但非常适合卧室的休息环境。

黑色背景墙与白色床具相搭配，让卧室变得分外个性时尚。

黑色与白色的经典搭配，令卧室背景墙散发出迷人的风采。

深棕色的背景墙，衬托着白色床具更显清爽。

黑色暗纹壁纸很能衬托着卧室的奢华气氛。

黑色梦幻墙面，符合了卧室整体的个性风格。

浅色的壁纸提亮了色调深沉的卧室，营造出清爽的空间氛围。

白色的背景墙搭配浅色的床品，令空间氛围优雅、舒适。

棕蓝色的壁纸包含了卧室的主色调，增强了卧室的和谐感。

粉色碎花的背景墙为卧室增添了甜美气息。

与卧室米色布艺相同色调的壁纸，进一步营造出空间的和谐统一气息。

白色造型与木质相结合，凸显了空间的质朴气质。

木质的温润给人柔和感，搭配绿色的墙面，让空间多了一丝清爽。

木质墙面与淡黄色相搭配，为卧室营造出一种淡淡的温馨感。

红色墙面与布艺为这个素雅的空间增添了不少热情。

粉色的花朵墙面为纯白的卧室营造一种小女人的柔美感。

灰色调的墙面给人稳重感，很适合卧室这种需要宁静感的空间。

卧室的粉色墙面可以令单调的空间充满女性的甜美。

黄色点缀的墙面给卧室带来了活力与激情。

粉色壁纸把简欧的卧室打造出让人放松心情的柔和气氛。

淡淡的灰绿色，给简洁的卧室增添了温馨感

红色背景墙为卧室带来无限热情与活力。

豆绿色的卧室墙面搭配装饰画，凸显了床头墙面的效果。

花纹壁纸与装饰画令黑色的床品也显现出清爽之感。

当床品比较鲜明的时候，背景墙就不宜多做造型，白色最好。

黄白相交的壁纸，搭配的装饰画，令卧室充满乐趣。

黄色碎花墙面展现了卧室柔美的一面。

粉色壁纸墙搭配装饰画，给卧室带来乡村风情。

粉色作为卧室的墙面色彩，凸显出了主人的兴趣爱好。

五彩缤纷的墙面装饰，把卧室渲染得格外活力四射。

红色印花背景墙与卧室主色调统一，营造出和谐的空间感。

粉色的墙面将卧室的甜美度提升了不少，令空间感更加和谐。

柔和色调的墙面为纯白的卧室加分不少，增添了空间氛围。

棕色的木质墙面为紫色的卧室空间带来一丝稳重。

红色墙面装饰为卧室带来一丝活力与热情。

酒红色的墙面让卧室多了分神秘的气息，营造出空间感。

粉色花卉墙面给素雅的卧室带来一抹甜蜜。

白色的软包非常适合喜欢倚靠在床头看书读报的人。

粉色背景墙与整体空间相呼应，建立了完整的空间感。

与床品相搭配的粉色墙面，大面积的蝴蝶手绘让卧室充满个性。

棕色墙面搭配粉色装饰画，令背景墙富有层次感。

紫色的背景墙能够让卧室充满妩媚的气息。
紫色的背景墙能够让卧室充满妩媚的气息。

背景墙的粉色调给原本死板的卧室空间带来一分柔美。

蓝色背景墙能够给卧室带来一分宁静与祥和。

田园风情的卧室，将白色与蓝色合理运用，形成了带有强烈个人特色的背景墙。

蓝色壁纸与白色的造型墙相搭配，为卧室创造出一派田园风情。

蓝色碎花墙面与床品相呼应，提升了卧室的整体感。

卧室整体基调偏恬淡，因此选择淡蓝色的墙面最合适不过。

清爽的蓝色墙面搭配白色装饰画，让空间更加纯净、自然。

蓝、白两色为卧室带来清新田园的氛围，墙面的装饰画则有效地增加了层次感。

但凡卧室由蓝色装饰，就能将空间营造的分外干净。

蓝黄相间的格子墙面，体现了卧室的欢快与轻松氛围。

深沉的蓝色背景墙宛如海面，将人包裹起来，放心休息。

背景墙与床品都采用了蓝色调，令空间既和谐统一又清新自然。

蓝色与白色的搭配，让卧室墙面宛若清澈的湖面，荡起人们心中的涟漪。

蓝色的背景墙又兼具了收纳储物的功能，实现了装饰与实用并存。

蓝白两色的背景墙富有欧式情怀，渲染了空间氛围。

暗纹的蓝色壁纸为背景墙增添了不少浪漫情怀。

红、蓝、白三色相间的背景墙，非常适合打造儿童房。

绿的手绘背景墙，让人仿佛置身于梦中。

清新的绿色墙面上装饰的装饰画，既点缀了空白墙面又令卧室更加和谐统一。

白色虽干净但却过于简单，搭配绿色壁纸，更能展现卧室的风情。

紫色的背景墙让优雅的卧室氛围更添柔情与妩媚。

中性的灰色墙面与装饰画相搭配，为卧室渲染出了冷静稳重的气质。

童真童趣的蓝色墙面，极大地为孩子打造出适宜的生活空间。

非常显眼的翠绿墙面将卧室映衬得格外时尚，提升了空间感。

黄绿色的墙面与夸张的背景墙装饰，让卧室充满了个人的审美情趣。

红色的幔帐为卧室背景墙添加了柔和的氛围。

喜静的人，卧室背景墙的色调则不宜过浅，棕色调是最适合的。

深灰色的床头背景墙为卧室营造出一种沉静的氛围，适合稳重的中年人。

灰色的床头硬包装饰，令卧室空间更加充满现代感。

自然粗犷的石砖墙面，为现代风的卧室带来一分原始的野性。

棕色的墙面手绘让奢华的卧室多了一丝童话感。

深蓝色的背景墙，更加烘托出卧室的严谨与干练。

深色的花纹壁纸，与四柱床相搭配，为卧室空间打造出奢华的欧式风情。

木质墙饰与灰色墙面相搭配，令卧室有了更加平静的空间感。

深蓝色的床头背景墙，很有安神的作用。

金棕色的背景墙，一片片的枫叶造型，让人仿佛置身其中。

灰色床头墙令卧室的轻飘感降低，让空间更具层次。

黄色格子墙面搭配装饰画，让床头背景墙更加与空间感贴合。

棕色木制墙面凸显出了中式风格，让卧室变得古香古韵。

纯蓝色的墙面在相对复杂的卧室软装中脱颖而出，令空间充满清新感。

与空间氛围相衬的浅棕色背景墙，让卧室温馨舒适。

# 卧室装饰

　　如嫌卧室显得太空，则可以选择较为柔软、蓬松的布艺产品来装饰墙面，或在墙面采用颜色鲜亮的窗帘、窗幔、床品，使其与墙面形成鲜明的对比，以改变卧室空阔、单调的感觉。如果是小卧室就要去掉一些不必要的东西，可以免除了卧室的杂乱之感，无形之中就让卧室显得更加的宽敞了。

装饰画几乎占据了床头墙的大部分空间，令墙面不再单调。

大幅的墙面装饰，与床具的相同风格凸显了卧室的空间感。

卧室整体风格现代简约，背景墙装饰画则带来不同的空间感受。

颇具乡村风情的墙面搭配高大的绿植，充分营造出卧室背景墙的自然氛围。

写真风的装饰画给卧室带来了现代时尚的风情。

颇具地域特点的背景墙装饰，让人能够领略到主人的兴趣与爱好。

床头墙面的空间被用来收纳储物是最常见的设计手法，非常适合小空间的卧室。

简洁的几种画框，更加凸显卧室背景墙的个性魅力。

稳重感十足的装饰画非常适合性格成熟的人来装饰卧室。

清新卧室的床头搭配了抽象画，令空间现代时尚起来。

大幅的装饰画填满了整面背景墙，增添了空间整体感。

简洁的照片墙丰富了背景墙空间，让卧室更加和谐。

动感十足的装饰画更突显了卧室十足的温馨感。

几幅简洁的装饰画，让不大的卧室井然有序，富有层次感。

甜美的卧室床头墙面过于空旷，装饰画的点缀则弥补了这一点。

镜面画框的装饰，让欧式风情的卧室有了现代的动感。

垂度良好的床头幔帐增加了卧室的柔美风情。

简单的一席纱帘，就能为四柱床增添女性的柔和美感。

简约的幔帐让出挑的家具与背景墙相互融合、统一。

简洁的床头装饰，与纱帘的添加更增添卧室的温馨感。

粉色床头幔帐与窗帘相搭配，营造出了甜美的卧室氛围。

粉色的奢华幔帐装饰，充分体现出了主人的小女生情怀。

现代风格的床头墙面也可装饰布帘，以丰富墙面层次感。

颇具中式风格特点的墙面装饰物，更加突出了卧室的整体风格。

卧室的床头设计很好地辅助了墙面造型，共同营造出颇具特点的背景墙设计。

中式格栅被运用到床头设计中，充当了背景墙，给人以复古感。

木质格栅装饰，搭配米色的墙面，虽简单却不失韵味。

精致的床头装饰，让简单的格栅墙也能有种柔和感。

四柱床既是床具，又能起到装饰床头的作用。

中式风格的背景墙与欧式风格的床具，让卧室变得中西合璧。

比较夸张的祥云造型床头设计，让现代卧室产生出别样的怀旧情怀。

黑白两色的强烈对比，就是对卧室背景墙的最好装饰。

抽象的挂画与床具造型将床头墙面营造的极具个性与时尚感。

床头背景墙装饰镜面，不能过大，以免产生不良反应。

现在造型的装饰画提亮了卧室整体色调。

独特的三角造型的窗户搭配铁艺的床头造型，令卧室充满异域风情。

印花玻璃的装饰，让卧室的空间感更加清透。

床具的床头装饰造型就占据了半面墙，体现了床具在卧室中的重要地位。

零碎无序的镜面装饰，给卧室增添了时尚感。

抽象的床头装饰画将素雅的卧室氛围渲染的富有情调。

简单的一个搁架，既能放置收藏品又能起到装饰墙面的作用。

整面背景墙设计了多个凹槽，既能节省卧室空间，又能起到展示收藏的功能。

装饰画与简易搁架是最常见的床头墙装饰手法，保证了小空间卧室的各种需求。

古朴的屏风设计使卧室空间多了些古典风情。

床头格架用来摆放主人的生活照是最合适不过的了。

将床具深陷如墙面，在两侧打造出装饰柜，既节省了空间，又满足了空间的装饰需求。

# 卧室灯光

卧室是休息的地方，除了提供易于安眠的柔和光源之外，更重要的是要以灯光的布置来缓解白天紧张的生活压力，所以卧室的灯光应以柔和为原则。一般卧室背景墙大多采用装饰照明，能够创造出卧室的空间气氛，如浪漫、温馨等氛围。

粉色台灯所散发出的温馨灯光，与墙面射灯相搭配，丰富了卧室空间。

射灯的安装应尽量一定距离，以免让背景墙产生过多的交叉阴影，影响美观。

射灯的灯光与床头灯相搭配，可以令卧室温馨自然。

背景墙内的装饰品在暖光的照射下，向人们表达了主人的高雅品位。

冷光源的射灯，照射在床头，非常适合睡前阅读。

温馨的射灯照射在床头，空间无需更多的灯光，就能让人感觉温馨甜美。

射灯与侧灯的和谐搭配，让床头尽显尊贵。

光带将床头硬包营造的更加柔软舒适。

小清新的卧室空间，射灯光线应尽量以柔和温馨为主，烘托气氛。

造型别致的壁灯在满足光线需求的同时，也起到了装饰墙面的作用。

低垂的吊灯令床头背景墙有种神秘感，温馨的灯光则适合营造空间氛围。

简简单单的两盏射灯，洒在背景墙上，凸显了木质的温润感。

暖黄的光线搭配壁纸墙面，给卧室添加了无限的甜美氛围。

床头背景墙的光带设计，为墙面带来了别样的魅力。

卧室灯光装饰应以简洁温馨为主，要做到能够烘托出背景墙氛围。

射灯的明亮光线为床头墙面增添了清新感。